"1+X"职业技能等级证书配套教材

葡萄酒品鉴与侍酒服务

· 初级 ·

新疆芳葡香思教育咨询有限公司组织编写

刘雨龙 ［加］Vivienne ZHANG 编 著

U0219945

中国轻工业出版社

图书在版编目（CIP）数据

葡萄酒品鉴与侍酒服务. 初级 / 刘雨龙，（加）张(ZHANG,V.)编著. —北京：中国轻工业出版社，2024.1

ISBN 978-7-5184-3077-2

Ⅰ. ①葡… Ⅱ. ①刘… ②张… Ⅲ. ①葡萄酒 - 品鉴 - 职业技能 - 鉴定 - 教材 Ⅳ. ① TS262.6

中国版本图书馆 CIP 数据核字（2020）第 168553 号

责任编辑：江 娟 王 韧 贺 娜 策划编辑：江 娟 责任终审：滕炎福
封面设计：锋尚设计 版面设计：潘 桔 插画设计：何姿婵
责任校对：晋 洁 责任监印：张 可

出版发行：中国轻工业出版社（北京鲁谷东街 5 号，邮编：100040）
印　　刷：鸿博昊天科技有限公司
经　　销：各地新华书店
版　　次：2024 年 1 月第 1 版第 6 次印刷
开　　本：787×1092　　1/16　　印张：7
字　　数：98 千字
书　　号：ISBN 978-7-5184-3077-2　　定价：69.00 元
邮购电话：010-85119873
发行电话：010-85119832　010-85119912
网　　址：http://www.chlip.com.cn
Email：club@chlip.com.cn
版权所有　侵权必究
如发现图书残缺请与我社邮购联系调换
240052J4C106ZBW

《葡萄酒品鉴与侍酒服务》
编委会

教材作者

刘雨龙

法国侍酒师联盟成员 ▎WSET 英国葡萄酒与烈酒教育基金会四级认证 ▎WSET 英国葡萄酒与烈酒教育基金会官方认证讲师 ▎法国第戎高等商学院葡萄酒与烈酒国际贸易硕士

留法 6 年，曾求学于波尔多和勃艮第两大产区，拜访法国、意大利、德国、西班牙、葡萄牙等各国酒庄近 300 家，对旧世界葡萄酒了解颇丰，同时也十分熟悉英国葡萄酒教育体系。对葡萄种植酿造亦有涉猎，曾于梅多克四级名庄拉图嘉利（Château La Tour Carnet）参与葡萄酒酿造工作。曾任职于国内知名葡萄酒贸易公司，负责名庄酒采购。

[加] Vivienne ZHANG（张若音）

加拿大不列颠哥伦比亚大学金融专业毕业 ▎加拿大不列颠哥伦比亚大学葡萄酒科学课程助教 ▎WSET 英国葡萄酒与烈酒教育基金会三级认证 ▎WSET 英国葡萄酒与烈酒教育基金会清酒高级认证

潘 桔

对外经济贸易大学欧洲语言文学（意大利语）硕士毕业 ▎40 余万字意大利语 - 中文出版译作 ▎WSET 英国葡萄酒与烈酒教育基金会二级认证 ▎CPD 英国职业进修单桶威士忌课程认证 ▎曾任职于国内知名葡萄酒贸易公司负责名庄酒采购

马先辰

法国国家侍酒师顾问 ▎WSET 英国葡萄酒与烈酒教育基金会四级认证 ▎WSET 英国葡萄酒与烈酒教育基金会官方认证讲师 ▎波尔多、圣山、新西兰、干邑、雅文邑官方认证讲师 ▎法国《葡萄酒评论（RVF）》杂志酒评人、记者及专家品鉴团成员 ▎《葡萄酒评论（RVF）》世界盲品冠军（中国队）（2016）▎波尔多左岸骑士会荣誉骑士勋章

孙　昕

By Little Somms 品牌创始人、集团 CEO ▎Somm 360 中国区大使 ▎大中华区最佳侍酒师大赛亚军（2018）▎中国最佳法国酒侍酒师大赛亚军（2017 / 2018）▎中国最佳侍酒师大赛亚军（2016 / 2017）▎中国最佳青年侍酒师大赛团队赛上海区冠军领队导师（2017）▎CMS 侍酒大师协会认证侍酒师 ▎WSET 英国葡萄酒与烈酒教育基金会清酒高级认证

吕晓申

法国英塞克高等商学院（INSEEC）葡萄酒与烈酒 MBA 毕业 ▎国际葡萄酒挑战赛（Challenge International du Vin）评委 ▎西班牙美酒（初级）官方认证讲师

刘灵伶

中国农业大学葡萄酒酿造工学硕士、葡萄与葡萄酒工学学士、英语双学位文学学士 ▎WSET 英国葡萄酒与烈酒教育基金会四级认证 ▎阿根廷、南法、新西兰、纳帕谷协会官方认证讲师 ▎澳大利亚盲品达人赛全国冠军、最佳台风奖、最佳人气奖（2017）▎阿根廷葡萄酒协会最佳讲师（2019）

刘菲菲

CMS 侍酒大师协会认证侍酒师 ▌中国侍酒师大赛亚军（2019／2020）▌中国最佳德国酒侍酒师大赛季军（2019）▌中国酒单大奖赛中国大陆最佳侍酒师（2019）▌中国青年侍酒师冠军队（2018）▌澳洲葡萄酒推荐侍酒师（2017）▌上海葡道葡萄酒零售店首席侍酒师兼运营经理 ▌曾任太古酒店（成都博舍 & 上海镛舍）首席侍酒师

张　聪

上海外滩游艇会首席侍酒师 ▌CMS 侍酒大师协会高级侍酒师 ▌WSET 英国葡萄酒与烈酒教育基金会四级认证 ▌中国最佳法国酒侍酒师大赛冠军（2016）▌中国最佳侍酒师大赛冠军（2015）▌SIWC 中国盲品达人挑战赛冠军（2016）▌澳洲品醉星期四盲品大赛冠军（2015）▌WSET 及 IWSC "未来 50 强" 获得者

李自然

西班牙里奥哈酿酒师协会注册成员 ▌西班牙里奥哈大学种植酿酒专业毕业 ▌西班牙有机葡萄酒大奖赛（Eco Vinos）技术评审团委员 ▌葡萄酒媒体撰稿人 ▌曾任西班牙里奥哈产区阿塔迪（Artadi）酒庄助理酿酒师

李婉怡

勃艮第高等商学院葡萄酒与烈酒 MBA 毕业 ▌碗梨说创始人 ▌WSET 英国葡萄酒与烈酒教育基金会四级认证 ▌瑞士官方葡萄酒大使 ▌勃艮第高等商学院媒体大使 ▌国内多家葡萄酒媒体合作撰稿人 ▌WSET 及 IWSC "未来 50 强" 获得者

徐诗潇

WSET 英国葡萄酒与烈酒教育基金会四级认证 ▮ WSET 英国葡萄酒与烈酒教育基金会官方认证讲师 ▮ WSET 英国葡萄酒与烈酒教育基金会考评官 ▮ 美国国际侍酒师高级认证 ▮ 阿根廷、新西兰、德国、里奥哈官方认证讲师 ▮ 苏格兰威士忌大使官方认证讲师 ▮ 中国白酒国家级品酒师，四川省白酒评委 ▮ 日本清酒侍酒师

谭颖瑜

CPD 英国职业进修课程：单桶威士忌和国际金酒品鉴师课程教材主编 ▮ 苏格兰威士忌大使国际认证课程首席导师，中国大陆地区讲师、考官 ▮ 金酒大使国际认证课程导师 ▮ 单桶威士忌投资顾问 ▮ 威士忌基金投资顾问 ▮ 香港中文大学客座葡萄酒讲师 ▮ TOE 葡萄酒与烈酒展览会烈酒大师班主讲人 ▮ 成都糖酒会葡萄酒大师班主讲人 ▮ 独立葡萄酒与烈酒专栏作家

前　言

我们为什么会爱上葡萄酒？

经常有人问我："你们为什么爱喝葡萄酒？这东西有什么魅力？"

借着这本书的前言，我想统一回复了吧。当然，这也是对有志于学习葡萄酒的同学的一点激励。

葡萄酒的世界包罗万象，它很复杂，但很有趣。

学习葡萄酒，需要放慢脚步，用心留意生活中的一花一草一木，认真感知那些常被忽略的细节，因为这些生活中的香气、滋味和感受，都能在葡萄酒中找到。

我们需要了解紫罗兰是什么香气、覆盆子是什么味道、百里香是什么滋味……甚至湿透的纸板，又该是怎样的气息。

我们需要探究自己的味觉，对酸有多敏感，对甜有多喜欢，对苦能接受到什么程度，对涩如何去感知。

当我们把这些香气、滋味和感受运用于品鉴葡萄酒，慢慢地便懂得了葡萄酒带来的感官享受。它们的颜色或明或暗，香气或浓或淡，滋味或甜或酸。一款伟大的葡萄酒，味道之复杂甚至难以言喻。这些味道承载着酒瓶背后的故事，随着时间的陈酿，宛如一幅幅铺陈展开的画卷。

当我们与葡萄酒同行，虽身未至，却也能到达希腊圣托里尼岛，去看火山岩上的葡萄树生长，宛如鸟巢一般；也能立于安第斯山巅，去听千年积雪融化成涓涓细流，滋润着阿根廷门多萨产区的土壤；有时在加拿大安大略湖畔感受凌厉寒风，有时也到葡萄牙杜罗河谷神游陡峭天梯……但凡葡萄树生长的地方，哪怕天涯海角，也是我们心神向往之处。

爱上葡萄酒，大概是因为它为我们打开了一扇门，通往全世界的门。

侍酒师——最全能的"酒林高手"

侍酒师是服务人员，但又不是普通的服务人员。要想修炼成为一名合格的侍酒师，需要大量的理论知识、广泛的品鉴经验以及数年的工作历练。

有人说酿酒师最好的朋友是侍酒师，是侍酒师将他们酿造的美酒呈现给最终的消费者。酿酒师是伯牙，侍酒师是子期，侍酒师是最懂酿酒师的人。如果你不能去葡萄酒产区亲身感受当地的风土和酿酒师的情怀，不妨到餐厅去找一位经验丰富的侍酒师吧，他／她能带你领略葡萄酒的美好。

在葡萄酒行业中，我所敬佩的许多人都是侍酒师。他们就像一本百科全书，能将一瓶酒背后的所有故事娓娓道来；也像一名魔法师，用令人惊叹的手法唤醒酒瓶中沉睡的生命；甚至是传说中的月老，在这大千世界中为一道菜找寻最适合的一款美酒。

如果说葡萄酒是一扇通往世界的门，那么侍酒师就是帮助人们开启这扇门的钥匙。

关于本套教材

《葡萄酒品鉴与侍酒服务》系列教材分为初、中、高三个等级。

初级作为入门教材，综合介绍了葡萄酒的基础知识，运用浅显易懂的语言帮助大家认识常见的葡萄品种、重要的葡萄酒产区、正确的品鉴方法以及基础的侍酒服务技能。

中级以必要的种植和酿造知识为基础，全面深入地讲解了重要的葡萄品种及其常见的成酒风格，并教授了一些进阶的侍酒服务技能。

高级重在详细介绍全球各主要葡萄酒产区，并补充了一些常用的酒精饮品知识以及其他进阶知识，旨在提升葡萄酒理论知识和侍酒服务技能的综合运用能力。此外，为了帮助读者在学习和生活中更好地建立具象化的产区认知，高级教材增加了顶级酒庄、知名品牌和推荐酒庄三类清单：顶级酒庄代表一个产区质量和价格的"天花板"，知名品牌的规模和品牌影响力较大，在全球分销较广，而推荐酒庄的酒款品质卓越，相当值得一试。

由于葡萄酒行业的知识日新月异，希望各位读者能够广泛涉猎相关书籍，并时常关注行业新闻，多与葡萄酒的从业人员沟通，以拓展和及时更新相关知识。

为了丰富本系列教材的理论知识和实操内容，我邀请了多位优秀的侍酒师、酿酒师和葡萄酒讲师参与编写，在此特地表示感谢。

本书全部插图由何姿婵创作，感谢她运用自己的才能将葡萄酒知识转化为生动的图画。

衷心感谢潘桔在文字统筹和排版设计工作中的努力，没有她的辛勤工作就没有本系列教材的出版。

刘雨龙

2021 年春，于北京

目 录

第一章　什么是侍酒

　　第一节　侍酒行业在西方的历史和地位　　　　　1

　　第二节　侍酒行业在中国的发展　　　　　　　　3

第二章　葡萄酒的类型

　　第一节　什么是葡萄酒　　　　　　　　　　　　5

　　第二节　根据酿酒工艺划分　　　　　　　　　　6

　　第三节　根据葡萄酒的颜色划分　　　　　　　　7

　　第四节　根据葡萄酒的残糖量划分　　　　　　　8

第三章　世界主要葡萄品种初探

　　第一节　鲜食葡萄与酿酒葡萄　　　　　　　　　11

　　第二节　白葡萄品种　　　　　　　　　　　　　13

　　第三节　红葡萄品种　　　　　　　　　　　　　19

第四章　世界主要葡萄酒生产国初探

　　第一节　旧世界　　　　　　　　　　　　　　　28

　　第二节　新世界　　　　　　　　　　　　　　　34

第五章　读懂葡萄酒酒标

第一节　法国　　　　　　　　　　　　39

第二节　意大利　　　　　　　　　　　44

第三节　西班牙　　　　　　　　　　　45

第四节　新世界　　　　　　　　　　　46

第六章　葡萄酒品鉴入门

第一节　认识你的感官　　　　　　　　49

第二节　品鉴前的准备工作　　　　　　50

第三节　如何正确品鉴　　　　　　　　52

第四节　品酒辞　　　　　　　　　　　56

第七章　葡萄酒的储存方法与侍酒温度

第一节　未开瓶的葡萄酒如何储存　　　59

第二节　没喝完的葡萄酒如何储存　　　61

第三节　侍酒温度　　　　　　　　　　61

第八章　侍酒专业着装与规范

第一节　个人仪容　　　　　　　　　　66

第二节　专业着装　　　　　　　　　　66

第九章　侍酒常见工具

第一节　常见开瓶工具　　　　　　　　69

第二节　常见醒酒工具　　　　　　　　70

第三节　常见酒杯　　　　　　　　　　　　70

第四节　其他常见工具　　　　　　　　　71

第五节　侍酒师随身常备工具　　　　　72

第六节　酒具的清洗、擦拭与储存　　72

第十章　静止酒的开瓶、醒酒与服务标准

第一节　静止酒开瓶　　　　　　　　　75

第二节　醒酒　　　　　　　　　　　　77

第三节　服务标准流程　　　　　　　　78

第十一章　餐前准备及餐桌摆放

第一节　餐前准备　　　　　　　　　　81

第二节　酒杯的放置　　　　　　　　　82

第十二章　餐酒搭配基本原则

第一节　餐酒搭配的基本逻辑　　　　　86

第二节　食物味道对葡萄酒的影响　　　90

参考资料　　　　　　　　　　　　　　95

第一章

什么是侍酒

第一节　侍酒行业在西方的历史和地位

Sommelier，中文译为"侍酒师"。这个单词出现于 14 世纪的法国，几百年来都与服务业有着千丝万缕的联系，自 19 世纪开始特指餐厅中负责酒水和管理酒窖的专业人员。

如今，一名优秀的侍酒师不仅要精通以葡萄酒为主的酒类知识（葡萄酒、烈酒、啤酒、清酒等），对茶水、咖啡乃至雪茄、餐酒搭配等方面的知识都需要有广泛的涉猎。

葡萄酒　　烈酒　　啤酒　　清酒

在西方，几乎所有中高端餐厅都配有侍酒师，甚至侍酒团队。首席侍酒师在餐厅里的地位可以比肩厨师长：一个负责餐厅与酒水，一个负责后厨与食物；二者缺一不可，相互合作。

经过专业培训的侍酒师不仅能够供职于餐厅和酒店，也可以成为酒水商店里为消费者提供选酒建议的顾问、葡萄酒品牌的宣传大使、葡萄酒培训人员以及酒类媒体杂志的主编等。

随着侍酒行业的不断发展及其重要性的持续提升，西方许多国家都建立了侍酒师培训和考评体系，以及扮演着重要角色的行业协会，如下图所示。

第二节　侍酒行业在中国的发展

由于葡萄酒和西餐都属于舶来品，侍酒师这一职业进入国人视野的时间比较晚。但随着中西方文化与日俱增的交流与碰撞，西餐厅开遍中华大地，葡萄酒也成为国人餐桌上越来越常见的酒精饮品之一，侍酒师行业便应运而生了。

目前，专业侍酒师仅见于一线城市的少数高端餐厅中，许多地方正面临较大的行业缺口。一些餐厅虽然有葡萄酒售卖，却是由不甚了解葡萄酒的普通服务员提供荐酒和侍酒服务，无法将葡萄酒的最佳状态呈现给客人。

因为起步较晚，国内侍酒师的专业水平参差不齐，与国际水准相比，存在着不小的差距。可喜的是，近年来中国侍酒行业进步飞速。特别是 2017 年，香格里拉集团葡萄酒总监吕扬先生，成为了全球第一位华人侍酒师大师（Master of Sommelier），让世界见识到了中国侍酒师的风采。

目前国内也有一些专业的侍酒师比赛，如"中国最佳法国酒侍酒师大赛""中国侍酒师大赛"等。国内许多优秀的侍酒师都经过了这些比赛的历练，成为行业内的领袖。

要想成为一名受客人欢迎、受同行尊敬的优秀侍酒师，专业的酒水知识、过硬的服务技术和谦逊的服务态度都是必不可少的。本书旨在为有志从事侍酒行业或葡萄酒相关工作的人员提供必备的基础知识，并为进阶培训做好准备。

课后思考

如果你的朋友问起什么是侍酒师，你如何用自己的语言向他／她描述这个职业？

第二章

葡萄酒的类型

第一节　什么是葡萄酒

　　葡萄酒是一种由新鲜采摘的葡萄或葡萄汁经过酒精发酵而成的饮料。

　　酒精发酵是酵母以糖为食物，将糖转化为酒精和二氧化碳的过程。

　　由于葡萄本身的差别以及酿酒工艺的不同，葡萄酒的风格千变万化，其类型也多种多样。葡萄酒类型的划分方式主要有三种：根据酿酒工艺、根据葡萄酒的颜色、根据葡萄酒的残糖量。

　　本章为葡萄酒类型的基本介绍，而其中涉及的酿酒知识，将在中级课程进行更加详细的讲述。

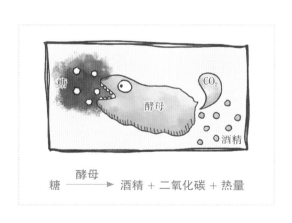

第二节　根据酿酒工艺划分

根据酿酒工艺的不同，葡萄酒可分为静止酒、起泡酒和加强酒。

【静止酒】

我们在日常生活中接触到的绝大部分葡萄酒都是静止酒。这些葡萄酒不带气泡，酒精度通常在8％～15％vol。

【起泡酒】

起泡酒是酿造过程中利用较大的压强使二氧化碳溶于酒液而制成的，开瓶后二氧化碳缓慢释放而出现气泡。香槟便是一种十分著名的起泡酒，但需要特别注意的是，并非所有起泡酒都是香槟，只有在法国香槟产区（Champagne）以传统法酿造的起泡酒才能称为香槟。

【加强酒】

加强酒在酿酒过程中额外添加了高度酒精，因此酒精度较高，通常在15％～22％vol。

常见的加强酒有西班牙的雪利（Sherry）、葡萄牙的波特（Port）等。

静止酒　　　　起泡酒　　　　加强酒

第三节　根据葡萄酒的颜色划分

葡萄酒在中国常被称为"红酒"，这是因为中国市场消费的葡萄酒绝大多数为红葡萄酒，因此在称呼上习惯与传统的高度白酒相对比。

但是，如果根据葡萄酒的颜色进行划分，"红酒"只是其中之一，另外还有桃红葡萄酒和白葡萄酒。

【红葡萄酒】

只有使用红葡萄进行带皮发酵才能得到，这是因为葡萄酒的颜色几乎全部来自葡萄皮。

【桃红葡萄酒】

使用红葡萄进行短暂带皮浸渍后再发酵，颜色介于红葡萄酒和白葡萄酒之间。

【白葡萄酒】

一般用白葡萄酿造（极少数情况下，用红葡萄进行不带皮发酵而成）。

红葡萄酒　　　桃红葡萄酒　　　白葡萄酒

第四节　根据葡萄酒的残糖量划分

新鲜的葡萄汁天然含有大量糖分，随着酵母不断将糖分转化成酒精和二氧化碳，葡萄汁中的糖分含量便越来越低。根据成品葡萄酒所含的残糖量以及在口中的甜味感，可做如下划分。

【干型葡萄酒】

国标规定残糖量为 0～4 g/L。这类葡萄酒不含残糖或残糖量极低，入口感觉不到甜味。市面上所见的大多数葡萄酒都是这个类型。

【半干型葡萄酒】

国标规定残糖量为 4～12 g/L。在口中能够察觉到甜味，但甜度不高。

【半甜型葡萄酒】

国标规定残糖量为 12～45 g/L。

【甜型葡萄酒】

国标规定残糖量为 45 g/L 以上。在口中能够察觉到明显的甜味，一般可搭配甜点饮用，且酒的甜味不会被甜点所掩盖。

有些源自特定产区的甜型葡萄酒，残糖量往往能够超过 100 g/L，通常稀有且珍贵，例如法国波尔多的苏玳（Sauternes）、匈牙利的托卡伊、德国的部分产区、加拿大的安大略等，这些地方酿造的贵腐酒或冰酒常被誉为"液体黄金"。

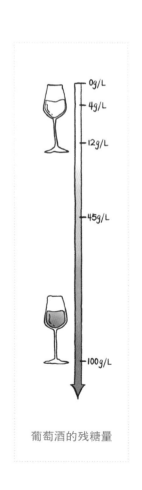

葡萄酒的残糖量

课后练习

1. 酿造葡萄酒的原料为（　　　　）。

    A. 葡萄汁和纯净水　　　　B. 酒精和纯净水

    C. 葡萄汁和色素　　　　　D. 新鲜采摘的葡萄或葡萄汁

2. 红葡萄酒和桃红葡萄酒的区别是什么？

3. 带有甜味的葡萄酒的"糖分"是从哪里来的？

第三章

世界主要葡萄品种初探

第一节　鲜食葡萄与酿酒葡萄

　　葡萄是酿造葡萄酒的唯一原材料，对葡萄酒的类型和风格起着决定性作用。人们常说，再好的厨师如果没有好的食材，也无法做出美食；同理，再好的酿酒师如果没有好的葡萄，也无法酿出伟大的美酒。

　　葡萄可以分为鲜食品种和酿酒品种两大类。鲜食葡萄通常指的是直接食用的品种，具有活力旺盛、生长迅速、产量大的特点；酿酒葡萄通常指的是用于葡萄酒酿造而非直接食用的品种，特点是活力中等偏低、生长缓慢且产量小。与鲜食葡萄相比，酿酒葡萄的果实更小，果皮更厚，糖分更高，风味物质更多。

鲜食葡萄　　　　　　　　酿酒葡萄

全世界有成千上万种酿酒葡萄，但仅有一小部分达到了一定的种植规模，并被消费者所知晓。在这一小部分之中，真正在全球广泛种植且能够酿出优质葡萄酒的品种，更是屈指可数。

本章将简要介绍最常见的 3 个白葡萄品种和 4 个红葡萄品种，它们在全世界许多产区都有种植，酿出的葡萄酒风格也各具特色。需要特别指出的是，在许多情况下，一瓶葡萄酒不是由单一葡萄品种酿成，而是多个品种的混酿。

【葡萄酒的一些基本术语】

01 糖度　如前所述，是指葡萄酒的残糖量以及入口能感知到的甜味程度。

02 酸度　主要来自于葡萄汁，对葡萄酒的风味和品质起到至关重要的影响。酸度带给葡萄酒清爽的感觉，是葡萄酒的"骨架"。酸度过高会让葡萄酒尝起来太"尖锐"，而酸度过低则会让葡萄酒"毫无生机"、平淡无味。酸度的高低还决定一款酒的陈年能力。

03 单宁　主要来自于葡萄皮，是一种会让牙龈和舌头产生收敛感的物质。单宁存在于许多食物中，例如喝浓茶时口腔中的"涩"感，便是单宁带来的。尽管大多数人不喜欢"涩"，但单宁对葡萄酒非常重要，能为红葡萄酒提供"结构"和"复杂度"，并帮助红葡萄酒陈年。

04 酒体　品鉴葡萄酒时在口中感受到的整体感觉，可以简单理解为酒在口中的"重量"（但它的内涵不止如此）。我们习惯将酒体的等级分为轻盈、中等和饱满。为了帮助理解，可以想象脱脂牛奶、半脱脂牛奶和全脂牛奶在口中的感受。

05　**橡木**　一些葡萄酒会在橡木桶中进行发酵或熟化，由此获得橡木带来的独特香气和口感。随着使用时间的推移，橡木桶对葡萄酒的香气影响会逐渐减少。一般来说，全新橡木桶在使用 5 年后便不会再给葡萄酒增添香气。不过，由于橡木桶的透气性，旧橡木桶也能对葡萄酒的熟化进程产生影响。

第二节　白葡萄品种

一、霞多丽 ◆ Chardonnay

在全世界绝大多数的葡萄酒产区，都能见到霞多丽的身影，甚至对许多美国消费者而言，"请给我一杯白葡萄酒"的意思就是"来一杯霞多丽"。

受气候和地理的影响，大多数酿酒葡萄品种只适合种植于某一特定区域。然而霞多丽却能在各种气候中健康生长，并具备酿造高品质葡萄酒的潜力。不过，俗话说"橘生淮南则为橘，生于淮北则为枳"，同一个葡萄品种放在不同的气候条件下，就会展现出不同的风味特征。

在凉爽气候下，霞多丽拥有绿色水果（青苹果、青柠檬等）和柑橘类水果的香气，酸度较高。典型产区如法国的夏布利（Chablis）和香槟（Champagne）等。

在温暖气候下，霞多丽则展现出桃子和热带水果（菠萝、香蕉、芒果）的香气，酒精度更高，酒体更饱满，酸度较低。大多数新世界产区，如美国的加利福尼亚（下文简称加州）、澳大利亚的大部分产区，都属于较为温暖或炎热的气候。

一些霞多丽会经过苹果酸 - 乳酸发酵（中级课程将有更加详细的讲述）和橡木处理，获得更加复杂的香气，如黄油、香草、椰子等。需要注意的是，并非所有霞多丽都适合橡木处理，而经过橡木处理的霞多丽也并非一定具有更高的品质。

顶级的霞多丽葡萄酒拥有很强的陈年潜力，甚至 10～20 年也不罕见。经过陈年的霞多丽会发展出更加复杂的香气，如蜂蜜、坚果等。

二、长相思 · Sauvignon Blanc

在 20 世纪 80～90 年代，西方葡萄酒消费者的味蕾被橡木风味浓郁、酒体厚重、口感肥美的霞多丽牢牢占据，以美国的加州为典型代表。直到新西兰长相思的声名远播，改变了人们对白葡萄酒的认知：原来世界上还有如此香气芬芳、口感清爽的葡萄酒。

长相思是一种芳香的白葡萄品种，酒体轻盈，酸度很高。不同于广泛适应气候的霞多丽，长相思喜好凉爽气候，表现出明显的绿色水果（青柠檬）、西柚和植物（黑醋栗芽苞、黄杨、青椒、芦笋）的香气。如果气候温暖，长相思将失去芬芳的植物香气，呈现百香果等热带水果风味。

常见的长相思葡萄酒为干型，但在特殊条件下，也适合酿造高品质的甜型葡萄酒。

除了新西兰，法国波尔多以及卢瓦尔河谷的桑塞尔（Sancerre）和布衣 - 富美（Pouilly-Fumé）也是著名的长相思产区。

长相思葡萄酒一般不适合陈年，应在 1～2 年内尽快饮用，以体验其新鲜浓郁的香气。

三、雷司令 · Riesling

　　雷司令备受许多世界级葡萄酒权威人士的推崇，更有甚者认为雷司令是最好的白葡萄品种，原因在于它多样的成酒风格、极强的陈年潜力以及极致优雅的香气和口感。不过，凡事都有两面性，雷司令极具个性的香气也导致它至今没能如同霞多丽一样，成为广受世界各地消费者喜爱的品种。

　　雷司令能够酿造多种葡萄酒类型，从干型到甜型都有。它们通常拥有浓郁的香气，如柠檬、桃子、杏子和花香，陈年后常常能发展出煤油、燧石等特别的香气。较高的酸度是雷司令适合酿造甜型葡萄酒以及具备较强陈年潜力的原因。

　　法国的阿尔萨斯（Alsace）、德国的大多数产区以及澳大利亚的克莱尔谷（Clare Valley），都是著名的雷司令产区。

　　雷司令葡萄酒多样的类型和较强的陈年潜力，使其成为最伟大的白葡萄品种之一。

霞多丽 · Chardonnay

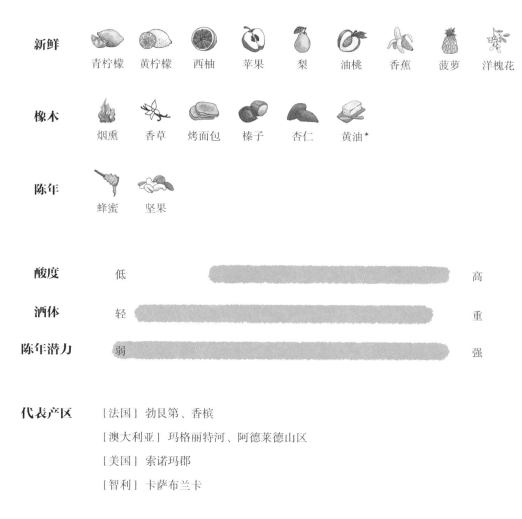

新鲜　青柠檬　黄柠檬　西柚　苹果　梨　油桃　香蕉　菠萝　洋槐花

橡木　烟熏　香草　烤面包　榛子　杏仁　黄油*

陈年　蜂蜜　坚果

酸度　低 —————————————— 高

酒体　轻 —————————————— 重

陈年潜力　弱 —————————————— 强

代表产区　[法国] 勃艮第、香槟

　　　　　　[澳大利亚] 玛格丽特河、阿德莱德山区

　　　　　　[美国] 索诺玛郡

　　　　　　[智利] 卡萨布兰卡

* 主要由苹果酸 - 乳酸发酵产生。

长相思 · Sauvignon Blanc

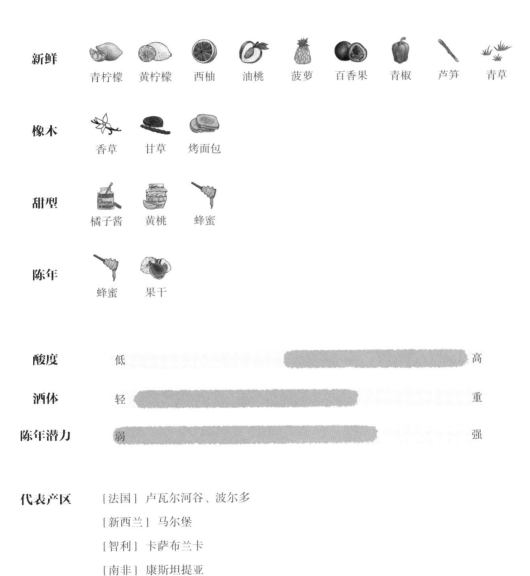

新鲜　青柠檬　黄柠檬　西柚　油桃　菠萝　百香果　青椒　芦笋　青草

橡木　香草　甘草　烤面包

甜型　橘子酱　黄桃　蜂蜜

陈年　蜂蜜　果干

酸度　低 　　　　　　　　　　　　　　 高

酒体　轻 　　　　　　　　　　　　　　 重

陈年潜力　弱 　　　　　　　　　　　　　　 强

代表产区　[法国] 卢瓦尔河谷、波尔多

　　　　　　[新西兰] 马尔堡

　　　　　　[智利] 卡萨布兰卡

　　　　　　[南非] 康斯坦提亚

雷司令 ⬥ Riesling

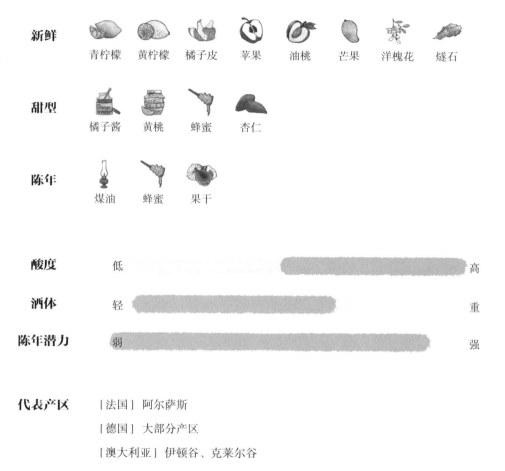

新鲜	青柠檬	黄柠檬	橘子皮	苹果	油桃	芒果	洋槐花	燧石

甜型　橘子酱　黄桃　蜂蜜　杏仁

陈年　煤油　蜂蜜　果干

酸度　低 ━━━━━━━━━━━━ 高

酒体　轻 ━━━━━━━━━ 重

陈年潜力　弱 ━━━━━━━━━ 强

代表产区　［法国］阿尔萨斯

　　　　　　［德国］大部分产区

　　　　　　［澳大利亚］伊顿谷、克莱尔谷

第三节　红葡萄品种

一、赤霞珠 ◆ Cabernet Sauvignon

赤霞珠是世界上种植面积最大的酿酒葡萄。如果有人想开垦一块全新的土地用以种植酿酒葡萄，而且希望出产优质葡萄酒的机会尽可能高，那么多半会首先考虑赤霞珠。

由赤霞珠酿造而成的红葡萄酒颜色深邃、香气浓郁（典型如黑醋栗、黑李子、青椒、薄荷等）、单宁丰富、酒体饱满、酸度高。橡木桶常被用于赤霞珠的熟化，给葡萄酒带来香料的气息，并帮助柔化单宁。

温暖或炎热的气候更适合赤霞珠生长。冷凉产区或是温暖产区的寒冷年份都不能保证赤霞珠的成熟，导致葡萄酒口感粗糙并带有"生青味"（令人不愉悦的青椒味）。

因为个性强烈（高单宁）且不易成熟，赤霞珠常与其他葡萄品种混酿，例如美乐。

最经典的赤霞珠产区是法国的波尔多。此外，澳大利亚和美国的加州也有广泛种植。全世界的顶级红葡萄酒中，赤霞珠占据了很高的比例。

由于单宁丰富、酸度高、香气浓郁，优质的赤霞珠葡萄酒拥有超强的陈年潜力。经过陈年的赤霞珠，单宁更加柔和，香气和口感也会更加复杂。

二、美乐 ◆ Merlot

与赤霞珠相比，美乐的"性格"显得温和许多。它的单宁更加柔和，酸度较低，同时香气也没有赤霞珠那么浓郁。但是，美乐能够在温和气候下成熟，而且酒精度更高、酒体更饱满。在不同的气候下，美乐可以展现出红色水果（草莓、李子）和／或黑色水果（黑莓、黑樱桃、黑李子）的香气。

除了单独酿造，美乐也常与赤霞珠进行混酿，二者扮演着互补的角色：美乐为葡萄酒提供酒精度、酒体以及柔和的口感，赤霞珠则提供香气、酸度和结构感。品质上佳的美乐也常在橡木桶中熟化，获得更加丰富的香料气息。

由于气候条件、种植方式和酿造理念的不同，美乐经常戏剧性地表现出葡萄酒品质的上限与下限。在大产量、工业化酿造的理念下，美乐只能产出平平无奇且廉价的葡萄酒；若是严格控制产量，结合精心的酿造工艺，则不乏顶级的美酒，例如波尔多产区最昂贵的葡萄酒，便是由美乐单一品种酿造而成。

三、黑皮诺　Pinot Noir

黑皮诺或许是世界上最娇贵的葡萄品种，对气候条件及酿造工艺都有严格的要求。黑皮诺在太凉的气候下无法成熟，会产生令人不悦的植物性气味（包菜、潮湿树叶）；在太热的气候下又会失去优雅的香气和细腻的口感，变得像果酱一般"甜腻"。

黑皮诺天生皮薄，所酿造的葡萄酒颜色较浅，酒体较轻盈，单宁也不高，但却拥有细腻的红色水果香气（草莓、覆盆子、红樱桃），顶级的黑皮诺还呈现优雅的玫瑰花瓣香味。较高的酸度则为葡萄酒带来清爽的口感。

尽管世界上许多产区或多或少都有种植黑皮诺，然而目前为止仅有少数地区能够酿造品质高而稳定的葡萄酒。如果我们想找一瓶顶级的赤霞珠，可以在全球各大产酒国寻到答案，如法国波尔多、美国纳帕谷（Napa Valley）、澳大利亚库纳瓦拉（Coonawarra）等，不胜枚举。但若说到顶级的黑皮诺，则无一产区能够比肩法国勃艮第（Bourgogne）。除此之外，德国巴登（Baden）、新西兰中奥塔哥（Central Otago）、美国的俄勒冈州以及加州的索诺玛郡（Sonoma County）、澳大利亚的雅拉谷（Yarra Valley）等，自 21 世纪起也开始出产优质的黑皮诺。此外，黑皮诺也是酿造香槟的常见品种之一。

由于种植成本较高、产量较小而需求较大，黑皮诺葡萄酒的价格通常高于同等级的其他葡萄酒。目前世界上最昂贵的葡萄酒，大多都是法国勃艮第产区的黑皮诺。

除了顶级的葡萄酒，大多数黑皮诺都不适合陈年，应该尽快饮用。

四、西拉 · Syrah

这一葡萄品种在法国被称为西拉（Syrah），在澳大利亚则称为西拉子（Shiraz）。

用西拉所酿造的葡萄酒颜色深邃、酒体饱满、香气浓郁，酸度和单宁都较高。品种的典型香气为黑色水果（黑樱桃）和黑胡椒。在温和气候下（如法国的北罗纳河谷），西拉表现出优雅的紫罗兰花香，以及黑胡椒和草本气息（薄荷）；在温暖气候下，如澳大利亚的巴罗萨谷（Barossa Valley），西拉子则拥有更多黑色水果的香气，极少表现出黑胡椒气息。橡木桶能给西拉带来香草、巧克力和烘烤香气。

如果在一瓶葡萄酒的酒标上看见"Syrah"字样，通常说明这是法国罗纳河谷优雅紧致的风格；如果酒标上写着"Shiraz"，则意味着澳大利亚浓郁厚重、果香甜美的风格。

西拉拥有较强的陈年潜力，陈年后能展现出动物皮革、土壤、肉汁和湿树叶的香气。

赤霞珠 ◆ Cabernet Sauvignon

新鲜	黑加仑	黑樱桃	桑葚	青椒	薄荷	桉树
橡木	烟熏	香草	甘草	咖啡	丁香	雪松
陈年	皮革	烟草	松露			

酸度	低	高
单宁	轻	重
酒体	轻	重
陈年潜力	弱	强

代表产区　[法国] 波尔多

[美国] 纳帕谷

[澳大利亚] 库纳瓦拉

[智利] 中央山谷

美乐 ◆ Merlot

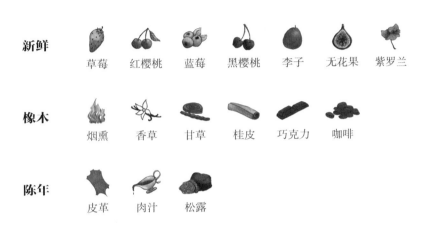

新鲜	草莓	红樱桃	蓝莓	黑樱桃	李子	无花果	紫罗兰

橡木 烟熏 香草 甘草 桂皮 巧克力 咖啡

陈年 皮革 肉汁 松露

酸度	低	高
单宁	轻	重
酒体	轻	重
陈年潜力	弱	强

代表产区　[法国] 波尔多

　　　　　　[美国] 加州

　　　　　　[智利] 中央山谷

黑皮诺 · Pinot Noir

新鲜　草莓　覆盆子　红樱桃　蓝莓　黑樱桃　玫瑰　紫罗兰

橡木　烟熏　香草　丁香　桂皮

陈年　皮革　肉汁　蘑菇　松露

酸度	低		高
单宁	轻		重
酒体	轻		重
陈年潜力	弱		强

代表产区　[法国] 勃艮第、香槟

[德国] 巴登

[新西兰] 中奥塔哥

[澳大利亚] 雅拉谷

[美国] 俄勒冈、索诺玛郡

西拉 ◆ Syrah

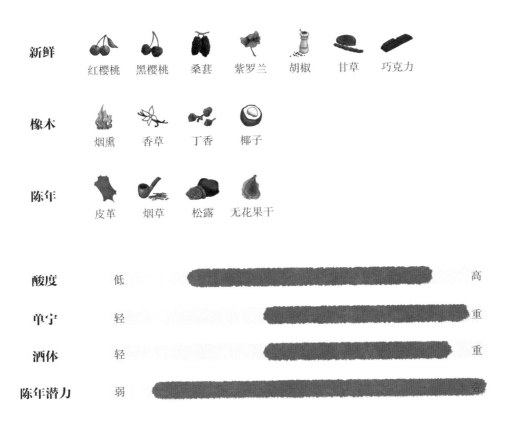

新鲜	红樱桃	黑樱桃	桑葚	紫罗兰	胡椒	甘草	巧克力
橡木	烟熏	香草	丁香	椰子			
陈年	皮革	烟草	松露	无花果干			

酸度	低		高
单宁	轻		重
酒体	轻		重
陈年潜力	弱		强

代表产区　　[法国] 罗纳河谷

　　　　　　　[澳大利亚] 巴罗萨谷、猎人谷、麦克拉伦谷、希思科特

课后练习

1. 如何向客人解释葡萄酒里面的酸味和涩味？

2. 在炎热的夏季，你会向客人推荐哪个葡萄品种的酒？你
    如何向客人解释你的选择？如果是冬季呢？

第四章

世界主要葡萄酒生产国初探

　　几乎每个温带国家都种植葡萄并酿造葡萄酒。特别是欧洲，葡萄酒在历史上很长一段时间里都是祭祀和宗教的必备之物。

　　在葡萄酒产酒国中，所谓的"旧世界"主要是指欧洲各国，以意大利、法国、西班牙、葡萄牙、德国等为主要代表；"新世界"是指其余那些葡萄酒酿造历史较短的国家，如美国、澳大利亚、智利、南非等。

　　旧世界国家的酿酒历史悠久，不仅保有大量本土葡萄品种，也建立了较为复杂和严格的分级体系、原产地控制制度等行业机制。新世界国家的相关体系和制度都相对更加自由。

　　自2012年起，欧盟要求其成员国采用下列统一分级制度。尽管如此，历史悠久的传统术语仍被广泛沿用。

【 欧盟统一分级制度 】

01　具有地理标识标签的葡萄酒
　　Wines with a Geographical Indication

　　— 原产地保护标签 ◆ PDO
　　　 Protected Designation of Origin

　　— 地理标识保护标签 ◆ PGI
　　　 Protected Geographical Indication

02　不具有地理标识标签的葡萄酒
　　Wines without a Geographical Indication

第一节　旧世界

一、法国

法国拥有深厚的葡萄酒历史和文化底蕴，其常用的葡萄品种、酿酒技术和管理制度都被其他国家，特别是新世界国家所借鉴。

西临大西洋、南有地中海、东靠阿尔卑斯山脉，再加上著名的卢瓦尔河和罗纳河，让法国拥有多样的气候条件和土壤结构，知名产区星罗棋布：以赤霞珠和美乐见长的波尔多；以黑皮诺和霞多丽称霸的勃艮第；以长相思、白诗南和品丽珠著称的卢瓦尔河谷；以热情奔放的西拉和歌海娜为代表的罗纳河谷；盛产高性价比葡萄酒的朗格多克和鲁西荣；以白葡萄酒闻名遐迩的阿尔萨斯；以桃红葡萄酒崭露头角的普罗旺斯；以及名扬天下的香槟等。

【分级制度】

自 2012 年起，法国实行如下葡萄酒分级制度。

01　原产地控制命名 · AOC／AOP

Appellation d'Origine Contrôlée／Appellation d'Origine Protegée，法国分级制度中的最高等级。在具体使用时，d'Origine 常被替换为产区名字，如 Appellation Bordeaux Contrôlée，即波尔多产地控制命名。

02　地理标识保护 · IGP

Indication Geographique Protegée，覆盖地域通常比 AOC 更广，规定没有 AOC 严格。

03　法国酒 · VdF

Vin de France，又称为日常餐酒、非法定产区酒。

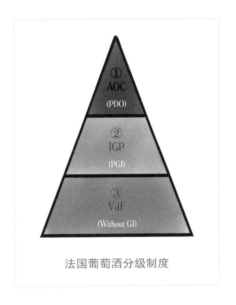

法国葡萄酒分级制度

　　VdF、IGP 和 AOC 所覆盖的地区逐渐缩小，相应的葡萄酒法规也愈发严格。值得注意的是，在最高等级 AOC 的范围内，往往还有更加细致的等级划分，一般以村庄或葡萄园为界。通常情况下，产区越小，葡萄酒质量就越高，但也并非绝对。

　　等级不是葡萄酒品质和价格的唯一标杆，同样属于 AOC 等级的不同葡萄酒，价格可能从 2 欧元到 2000 欧元不等。辨别品质最有保障的方法，是准确认识酒庄和酒款，这就需要大量的实践和经验积累。

二、意大利

　　如果有一个国家能在葡萄酒历史文化、品类多样性、产量和品质等各方面与法国媲美，那就是意大利了。

　　实际上，葡萄的种植与酿造正是经由意大利（随着古罗马的扩张）才传入法国。但是，意大利在近代历史时期经历了动荡的政治格局和滞后的经济发展，葡萄酒产业也因此受到严重影响，被邻居法国远远地甩在了身后。直到 20 世纪中后期，趋于稳定的国内环境才令意大利葡萄酒有机会重振雄风。

意大利最引以为傲，同时也是最复杂的特点，就是其种类繁多的本地葡萄品种：桑娇维塞（Sangiovese）、内比奥罗（Nebbiolo）、巴贝拉（Barbera）、科维纳（Corvina）、黑珍珠（Nero d'Avola）、特雷比奥罗（Trebbiano）、格蕾拉（Glera）等，不计其数。

意大利全国共计 20 个大区，都是独立的法定葡萄酒产区。由于国土南北跨度大，因此气候差异显著，葡萄酒风格迥异。

【分级制度】

意大利的葡萄酒分级制度建立于 1967 年。

01 原产地严格控制命名 · DOCG

Denominazione di Origine Controllata e Garantita，意大利葡萄酒的最高等级，在符合 DOC 所有规定的基础上，还要满足更为严苛的要求，例如比 DOC 更长的熟化时间、在产区范围内进行装瓶、由农业部评测等。每一款 DOCG 葡萄酒的酒瓶上都配有国家认证的封条。目前意大利有超过 70 个 DOCG。

02 原产地控制命名 · DOC

Denominazione di Origine Controllata，必须在法定产区内进行种植和酿造，且满足各种严格的要求，例如必须使用规定的葡萄品种。目前意大利有超过 300 个 DOC。

03 地理标识保护 · IGT

Indicazione Geografica Tipica，限定在特定区域内生产的葡萄酒，最著名的要数托斯卡纳 IGT（Toscana IGT）中的"超级托斯卡纳"，其品质通常都很高。

04 日常餐酒 · VdT

Vino da Tavola，这是最低级别的葡萄酒，法规限制极少，价格也十分便宜。

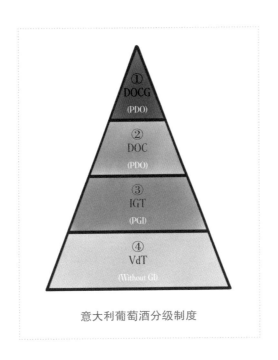

意大利葡萄酒分级制度

三、西班牙

作为全世界葡萄种植面积最广的国家，西班牙在葡萄酒产业中的重要性可见一斑。然而，很长一段时间以来，西班牙葡萄酒都与"便宜"和"散装酒"联系在一起。近年来，在产区行业协会和许多注重品质的酒庄共同努力下，西班牙酒越来越受到全世界葡萄酒爱好者的认可。

最为知名的产区是里奥哈（Rioja）、杜埃罗河岸（Ribera del Duero）和普里奥拉（Priorat）。最重要的葡萄品种是丹魄（Tempranillo）。

西班牙葡萄酒以熟化时间长、入口"咸鲜有滋味"而著称。近年来，也有许多产区和酒庄正在向更加"新鲜"且"多果香"的风格靠近。

【分级制度】

01 优质原产地命名·DOCa

Denominacion de Origen Calificada，这是西班牙葡萄酒的最高等级，只有达到 DO 等级十年以上的产区，才有资格申请成为 DOCa。目前西班牙只有 2 个 DOCa：里奥哈和普里奥拉。

02 原产地命名·DO

Denominacion de Origen，这一等级对种植和酿造均有较为严格的限制。目前西班牙约有 70 个 DO，每个产区都有各自的管理委员会（Consejo Regulador），负责制定本产区的各项标准。

03 具有地理标识的优质葡萄酒·VCIG

Vinos de Calidad con Indicacion Geografica，这是介于 VdlT 和 DO 之间的等级，一般而言，只有达到该等级五年以上的产区，才有资格申请成为 DO。

04 地区餐酒·VdlT

Vino de la Tierra，这一等级限定了葡萄酒的生产区域，但各方面的要求相对宽松。

05 日常餐酒·VM

Vino de Mesa，这是西班牙分级体系中的最低一级。

此外，西班牙还存在一个特殊的等级：单一园酒庄（Vino de Pago），其酿酒葡萄来自经过认证的单一园。目前仅有约 20 家酒庄在此行列。

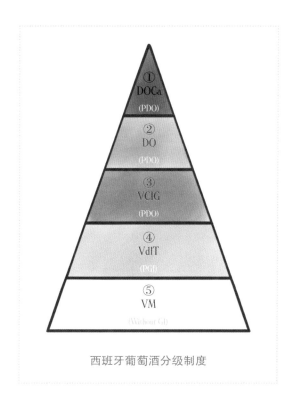

西班牙葡萄酒分级制度

除了以上的分级体系，西班牙葡萄酒还存在另一个特殊的体系：根据熟化时间的长短，葡萄酒划分为 4 个等级，熟化时间由短到长分别为：

年轻酒 → 陈酿 → 珍藏 → 特别珍藏

Joven → Crianza → Reserva → Gran Reserva

第二节　新世界

一、美国

美国葡萄酒真正开始发展是在 20 世纪中期。一群怀着远大抱负与创新精神的人们开始在加州酿酒，短短数十年成就了无数"膜拜酒（Cult Wine）"。以纳帕谷（Napa Valley）为代表的顶级产区所酿造的赤霞珠、美乐等葡萄酒，在名声和品质上一点也不输给老前辈波尔多。

加州的葡萄酒产量占到全美国的 90%。在此地能找到来自世界各地的葡萄品种，其中带有浓厚加州本土气息的，便是著名的金粉黛（Zinfandel）。一直以来，美国酒（加州为主）以高成熟度、高酒精度、高酒体、果香浓郁、橡木风味突出为特点。

美国也是全世界最大的葡萄酒消费国，成熟的葡萄酒消费市场成为美国本土葡萄酒产业赖以发展的沃土，而来自全世界各种各样的葡萄酒和顶级名庄也都能在这里找到。美国强大的影响力，让一些其他国家的酒庄也开始迎合美国市场，追求高成熟度、高萃取度、高比例新桶的葡萄酒。但近年来，国际葡萄酒行业中出现越来越多要求回归平衡、追求优雅的声音。

二、澳大利亚

虽然酿酒历史相对短暂，澳大利亚和新西兰却对葡萄酒行业做出了巨大的贡献，无论是葡萄种植、葡萄园管理，还是酿造技术。

澳大利亚最知名的葡萄品种当属西拉子。简单易辨的酒标，果香四溢的香气，浓郁易饮的口感，加上远远领先行业平均水平的市场推广，使得澳大利亚葡萄酒在全球都大受欢迎。

与许多传统的葡萄酒生产国不同，澳大利亚的葡萄酒行业存在一些影响力极大的跨国集团。依托雄厚的资金和更加市场化的经营理念，这些集团旗下的葡萄酒品牌迅速占领海外市场。

三、新西兰

新西兰最著名的葡萄酒，是辨识度极高、香气浓郁、口感清爽的长相思，特别适合在炎热的夏季搭配海鲜和蔬菜饮用。长相思占据新西兰 60％ 以上的葡萄种植面积，也正是这个品种，帮助新西兰牢牢占据世界葡萄酒出口均价最高之位。最著名的产区是马尔堡（Marlborough），出产新西兰 80％ 左右的葡萄酒。也是从这里开始，长相思成为国际葡萄酒市场的宠儿。

在全世界屈指可数的优质黑皮诺产区之中，新西兰也占一席。新西兰黑皮诺拥有更加成熟奔放的果香，更加饱满厚重的酒体，有别于勃艮第黑皮诺的风格，但同样深受消费者的喜爱。

四、智利

智利国土南北跨度广，西边拥有超长的海岸线，东边是纵贯全国的安第斯山脉，因此呈现出多样的气候条件，适合种植各类葡萄品种，酿造风格各异的葡萄酒。较为自由的行业法规，也吸引着许多知名酒庄、葡萄酒家族和集团在此投资酿酒。

短短几十年内，智利酿造的红白葡萄酒就已达到国际顶级水准，如赤霞珠、美乐、西拉、长相思、霞多丽等。其中，最具代表性的品种是佳美娜（Carmenère），它在原产地法国波尔多并不受重视，却在智利发扬光大。

智利葡萄酒一直以高性价比而著称，而中国也是智利葡萄酒最大的出口市场。

五、阿根廷

与南美洲大多数国家一样，阿根廷的葡萄种植历史与西班牙、意大利等国的移民活动密切相关。不同寻常的高海拔，是阿根廷葡萄酒产区的最大特点，海拔2000~3000米的葡萄园并不少见，使许多本地葡萄酒既有很高的酒精度和成熟度，同时兼具较好的酸度和浓郁细致的香气。

阿根廷最重要的产区是门多萨（Mendoza），葡萄酒产量超过全国总产量的70％。最著名的葡萄品种是马尔贝克（Malbec），类似于佳美娜，这是一个源自法国西南地区，却在异国他乡崭露头角的品种。

六、中国

尽管两千多年前张骞出使西域就为中国带回了欧洲葡萄，但直到1892年，规模化的葡萄酒酿造才在山东烟台开始。

如今，越来越多的省份开始加入葡萄酒生产的行列之中：河北、宁夏、山西、新疆、云南、甘肃等。也有越来越多的有志之士前往波尔多、勃艮第、澳大利亚、美国等地学习种植与酿造技术，回国后怀着赤子之心开启酿酒之路。一些"中国制造"的葡萄酒，已开始在世界葡萄酒舞台上绽放光辉。

与此同时，一些国外的著名葡萄酒集团也纷纷在中国建立酒庄，将西方酿酒技术和理念融进"中国风土"之中。

　　但是，中国的葡萄酒行业毕竟起步较晚，生产成本较高，同时面临着进口葡萄酒的激烈竞争，依然任重而道远。

课后练习

1. 如何向客人解释法国、意大利和西班牙的葡萄酒等级
    制度？

2. 将以下国家与其代表性葡萄品种连线：

意大利	赤霞珠
美国	西拉子
法国	长相思
阿根廷	桑娇维塞
西班牙	金粉黛
智利	丹魄
新西兰	佳美娜
澳大利亚	马尔贝克

第五章

读懂葡萄酒酒标

解读一瓶葡萄酒酒标所蕴藏的葡萄酒信息，并预估这瓶葡萄酒的风格和状态，是一名合格侍酒师的必备技能。

由于绝大多数酒标都采用本国语言，因此掌握常见的葡萄酒外语词汇尤为重要。

第一节　法国

法国葡萄酒常见酒标术语

酒标术语	含义
Château / Domaine / Clos	酒庄
Négociant	酒商
Cru	这个词的含义依产区而不同，在波尔多意指酒庄，在勃艮第代表葡萄园，在博若莱和罗纳河谷则表示特定的产酒名村

（续表）

酒标术语	含义
Mis en bouteille ...	由……装瓶
Produit de France / Product of France / Produce of France	原产法国
Contient Sulfites / Contain Sulphites	含有亚硫酸盐
cl	厘升（centiliter），酒标常见的 75cl 即为 750mL
Cuvée	通常指酒庄的某一特定酒款，与酒的品质无关
Réserve	珍藏，与酒的品质无关
Vieilles Vignes	老藤（对于老藤的年龄定义，并无固定标准）
Sur lie	带酒泥熟化

一、波尔多

波尔多常见酒标术语

酒标术语	含义
Château	酒庄
Grand Cru Classé	列级庄
Cru Bourgeois	梅多克士族名庄 / 中级庄

【 波尔多大区级 】

01　波尔多优质葡萄酒（但并不能保证品质）

02　酒庄名

03　产区：波尔多 AOC

04　年份

05　净含量

06　酒精度

07　酒庄地址

08　酒庄装瓶

09　原产法国

【 波尔多列级庄 】

01　酒庄装瓶

02　酒庄名

03　年份

04　列级庄

05　产区：玛歌 AOC

06　酒精度

07　净含量

08　原产法国

二、勃艮第

勃艮第常见酒标术语

酒标术语	含义
Domaine	酒庄
Maison	酒商
Monopole	独占园
Premier Cru / 1er Cru	一级园
Grand Cru	特级园

【勃艮第大区级】

01 年份

02 原产法国

03 勃艮第葡萄酒

04 产区：勃艮第 AOC

05 净含量

06 酒精度

07 酒庄名

08 酒庄地址

09 酒庄装瓶

【勃艮第一级园】

01	年份
02	原产法国
03	勃艮第葡萄酒
04	产区：香波 · 蜜思妮 一级园 AOC
05	葡萄园名称
06	净含量
07	酒精度
08	酒庄名
09	酒庄地址
10	酒庄装瓶

【勃艮第特级园】

01	年份
02	原产法国
03	勃艮第葡萄酒
04	酒庄建于 1990 年
05	产区：科通特级园 AOC
06	老藤
07	含有亚硫酸盐
08	净含量
09	酒精度
10	酒庄名
11	酒庄地址
12	酒庄装瓶

第二节　意大利

意大利葡萄酒常见酒标术语

酒标术语	含义
Tenuta	酒庄
Imbottigliato all'Origine ...	由……装瓶
Riserva	珍藏，通常需要满足更严格的酿造规定

【意大利 IGT】

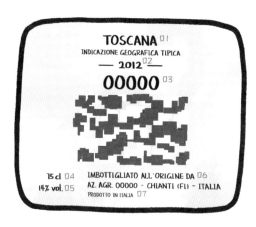

- 01　产区：托斯卡纳 IGT
- 02　年份
- 03　酒庄名
- 04　净含量
- 05　酒精度
- 06　酒庄装瓶 & 酒庄地址
- 07　原产意大利

【意大利 DOCG】

- 01　酒庄名
- 02　产区：布鲁奈罗 - 蒙达奇诺 DOCG
- 03　年份
- 04　酒庄装瓶 & 酒庄地址
- 05　原产意大利
- 06　净含量
- 07　酒精度
- 08　含有亚硫酸盐

第三节　西班牙

西班牙葡萄酒常见酒标术语

酒标术语	含义
Bodegas / Dominio	酒庄
Embotellado ...	由……装瓶
Joven	年轻酒
Crianza	陈酿
Reserva	珍藏
Gran Reserva	特别珍藏

【西班牙 DOCa】

01　酒庄名

02　产区：里奥哈 DOCa

03　珍藏

04　年份

05　酒庄装瓶 & 酒庄地址

06　净含量

07　酒精度

08　原产西班牙

第四节　新世界

　　新世界国家的酒标一般比较简洁，比较容易读取信息。大多数情况下，酿酒所用的主要葡萄品种会直接标示。由于新世界没有酒庄和葡萄园分级，一般只需从酒标上认出酒庄名、葡萄品种、产区和年份便足矣。

【美国】

01　酒庄名

02　葡萄品种

03　年份

04　产区：奥克维尔
　　　（纳帕谷）

05　酒精度

课堂练习

从以下酒标中，你能读出哪些信息？

第六章

葡萄酒品鉴入门

第一节　认识你的感官

人们对气味和味道的敏感程度及辨别能力，个体之间存在差异。大多数人的嗅觉和味觉敏感度都在正常范围，也有极少数的人高度敏感，经过科学系统的训练都可以胜任专业的品酒工作。日常进食或品酒时，应留意自己对何种气味和味道敏感，有助于进行专业的葡萄酒品鉴。

对于葡萄酒品鉴而言，各种口感可以通过以下方式进行判断。

甜：只用舌头感知。有些果香甜美的干型葡萄酒入口后会带来甜的错觉，因此需要注意避免受到嗅觉的干扰。

酸：依靠唾液分泌情况判断。唾液分泌越多越持久，说明酒的酸度越高。

单宁：依靠舌头、两腮、牙龈、上颚的收敛感判断。收敛感越高，则单宁越多。不过，生涩的单宁也会带来较高的收敛感，需要通过训练加以区分。

酒精度：依靠喉咙和食道的灼热感位置判断。灼热感越靠近胃部，说明酒精度越高。

第二节　品鉴前的准备工作

葡萄酒品鉴是一项体力活。有效且准确的品鉴需要良好的环境与专业的技巧，还有大量的经验积累。不过，这一切的前提是良好的身体状况。如果得了感冒，怎么感受葡萄酒的香气呢？

【环境】

无其他味道干扰。

如果今天要品鉴，不要使用香水或带有浓烈香气的护肤品和化妆品。

【光线】

自然且良好。

充足的自然光最佳，也可用白色人造光，但应避免带有颜色的光线。

【背景】

白色。

可以使用桌布、卡纸等，白色的背景能够更好地观察葡萄酒的颜色。

【酒杯】

干净无异味。

洁净且合适的酒杯才能准确观颜色、闻气味。

【吐酒桶】

品酒时尽量不要吞咽酒液。

有时候需要在一天内品鉴几十甚至上百款酒，必须保持清醒的头脑。

品鉴前的准备工作

第三节　如何正确品鉴

一、看

根据葡萄酒的颜色，除了进行最基本的红、桃红或白葡萄酒类型的判断，还可以初步推断葡萄酒的年龄。在盲品中，也能为判断葡萄品种提供线索。

首先要观察葡萄酒中有无肉眼可见的沉淀或杂质。一般来说，储存状态良好的年轻葡萄酒是澄清无沉淀的。

其次观察颜色，可以从色调和深浅两方面来描述。越年轻的酒其色调越冷，越老的酒色调越暖。对于白葡萄酒而言，越年轻的酒颜色越浅；而红葡萄酒则是越老越浅。

二、闻

首先用鼻子靠近杯口，闻一下香气的浓郁程度和最为明显的香气或香气类型。此时最重要的，是判断酒有无明显令人不悦的气味，如湿纸板味、洋葱味、醋味、臭鸡蛋味等。

然后轻轻摇动酒杯，让酒在杯壁上旋转，与空气充分接触（注意不要把酒洒出来），再闻香气，此时需寻找一类香气、二类香气和三类香气（可能只有一种，也可能三种都有）。

【一类香气】

来自葡萄本身，虽然大多数在发酵前并不能察觉，但经过发酵就会释放出来，主要为果香、花香和植物香气。

【二类香气】

来自工艺和熟化过程，例如苹果酸 - 乳酸发酵产生的奶油和黄油香气、橡木桶熟化带来的各种香料和烘烤香气，以及酒泥长时间接触产生的酵母和饼干香气。

【三类香气】

来自瓶中陈年，主要是指各类风干水果、动物气息、土壤、蘑菇、汽油等香气，是由于瓶中缺氧而出现还原反应所产生的。也有少数葡萄酒是在大型橡木桶中经历很长的陈年时间，由于橡木的微透气性，酒液长时间与微量氧气接触，微氧化后便产生一些焦糖、咖啡和太妃糖的香气。

一般来说，三类香气会逐渐掩盖一类香气，新鲜的果香和花香会变得"陈腐"，产生干水果、干花等气味。通过这一特点，能够大致判断葡萄酒的年龄和状态。

葡萄酒的三类香气及其常见描述 *

香气类型	香气来源	白葡萄酒常见香气			红葡萄酒常见香气		
一类	葡萄 经过发酵释放，主要为果香、花香和植物香气	青柠檬 西柚 桃子 芒果 青椒	黄柠檬 苹果 香蕉 百香果 芦笋	橘子皮 梨 菠萝 洋槐花 青草	草莓 蓝莓 李子 葡萄干 青椒 桉树	覆盆子 黑樱桃 桑葚 玫瑰花瓣 甜椒 胡椒	红樱桃 黑加仑 无花果 紫罗兰 薄荷
二类	工艺和熟化过程 01 苹果酸 - 乳酸发酵 02 橡木桶熟化 03 酒泥长时间接触	烟熏 榛子 奶油 酵母	烤面包 杏仁 黄油	香草 椰子 饼干	烟熏 丁香 椰子	香草 桂皮 奶油	甘草 咖啡 巧克力
三类	瓶中陈年	蜂蜜 苹果干 橘子酱 白松露	蘑菇 香蕉干 干草堆 煤油	坚果 芒果干 生姜	烟草 李子干 焦糖 肉汁	黑松露 无花果干 泥土	蓝莓干 太妃糖 皮革

* 描述香气时，可以使用日常生活中常见的其他香气，不局限于本表。

三、品

喝一口酒（不能太多也不能太少），让酒液充分接触口腔中的每个部分，并能灵活地在口腔中流动。然后用嘴吸入少量空气，用空气搅动口中的酒液。由于口腔后部与鼻腔相通，因此嗅觉也能继续感受香气，而且可能进一步发觉仅靠鼻子无法察觉的香气。

尝试感受酒的甜度、酸度、单宁（红葡萄酒）、酒精度和酒体，最后吐出酒，感受余味。需要注意的是，余味指的是吐出酒液后，口腔中留下的愉悦气息，而不是尖锐的酸度或生青苦涩的单宁。

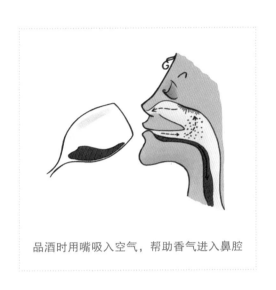

品酒时用嘴吸入空气，帮助香气进入鼻腔

四、总结

通过以上看、闻、品，判断一款酒的状态、年纪、品质、适饮性以及陈年潜力。如果是盲品，就要根据看、闻、品得出的描述，分析品种、年份和产区。

要想熟练掌握品鉴技巧，准确描述和判断葡萄酒品质，除了丰富的理论知识外，大量的练习也必不可少。上百款乃至上千款葡萄酒的品鉴经历，是锻炼优秀品鉴能力必需的经验积累。

第四节　品酒辞

一、品鉴酒款：橡木桶熟化的年轻波尔多<u>赤霞珠</u>

01　看　这是一款红葡萄酒，酒液纯净无杂质，呈现深邃的宝石红色并泛着紫色的裙边，表明它是一款年轻的葡萄酒。

02　闻　初闻杯中酒，香气纯净无异味，散发浓郁的黑色水果香气和明显的香料气息；轻摇酒杯后，可以闻到黑加仑、黑莓、李子等果香，以及烟熏、甘草、丁香等香料味。没有任何陈年带来的香气。整体而言，这款酒的香气浓郁而丰富，令人愉悦。

03　品　入口酒体饱满，酸度漂亮，单宁成熟而丰富。口中依然能明显感受到浓郁的黑莓香气和细腻的丁香气息，余味悠长且复杂。

04　总结　总体来说，这款葡萄酒的平衡度极佳，香气浓郁，结构强劲，是一款典型且优质的以赤霞珠为主的波尔多葡萄酒。

05　判断酒款状态&陈年潜力　这款酒香气浓郁且以新鲜的果香和香料气息为主，酸度和单宁都较高，现在饮用能充分领略好年份波尔多葡萄酒的成熟果香。同时，它也拥有较强的陈年潜力，5～8年后能发展出更复杂且更融合的香气，单宁也会更加圆润。

06　侍酒建议　建议饮用温度16～18℃，饮用前须在醒酒器内静置1小时。

07　推荐配餐　可搭配羊排和牛排，或红烧肉等酱汁浓郁的菜肴。

二、品鉴酒款：橡木桶发酵熟化的陈年勃艮第霞多丽

01 看 这是一款白葡萄酒，酒液纯净无沉淀，呈现中等深浅的黄色并泛着略带金黄色的裙边，表明它是一款有一定年龄的葡萄酒。

02 闻 这款酒的香气纯净无异味，首先可以闻到成熟的果香，以及各类香料和坚果的气息；稍微摇晃酒杯后，散发出柠檬、苹果、芝麻、榛子、烤面包、蜂蜜和坚果等香气。酒款整体香气浓郁，且展现出发展到一定程度后所具有的复杂香气。

03 品 入口酒体中等，酸度令人生津，略带一丝能够增加食欲的咸味。丰富的芝麻、烤面包和坚果等香气在口中更加明显，余味非常长，唇齿留香。

04 总结 总体来说，这款葡萄酒拥有上佳的平衡度，香气浓郁而复杂，滋味丰富而悠长，是一款顶级的勃艮第霞多丽。

05 判断酒款状态&陈年潜力 这款酒香气丰富且怡人，现在正是极佳的饮用时期。同时，由于酒款香气依然浓郁、酸度依然活泼，因此也可陈年。

06 侍酒建议 建议饮用温度 12～15℃，开瓶即饮，但短暂放置一段时间后会有更加丰富的香气。

07 推荐配餐 可搭配肉质紧实的鱼类或蘑菇酱汁鸡肉等。

课堂练习

请运用课堂上学习的方法品鉴杯中葡萄酒，并正确描述颜色、香气和口感。

第七章

葡萄酒的储存方法与侍酒温度

第一节　未开瓶的葡萄酒如何储存

　　葡萄酒是一种比较脆弱的酒精饮品，各个阶段都需要严格的储存环境。

　　在运输过程中，需全程避光，同时保持相对稳定的凉爽温度（10～15℃较为适合），并避免强烈的震动。在家中、酒窖或商铺中，同样也需要避光（不论是自然光还是日光灯）、凉爽且相对潮湿（相对湿度70%左右）的环境。

　　若将葡萄酒存放在30℃以上的高温环境，极短的时间内就会产生不可逆转的损害。如果温度不稳定，则会让橡木塞的密封性变差，使空气进入酒瓶，导致葡萄酒氧化。

　　使用橡木塞封瓶的静止酒如果需要长期存放，应尽量卧放，保持酒液与酒塞接触，否则橡木塞容易干燥，影响密封性。起泡酒可以直立存放。

　　存酒的环境中不要放置散发异味的物品。

葡萄酒需要避光、凉爽、相对潮湿的储存环境

第二节 没喝完的葡萄酒如何储存

日常生活和工作中经常会遇到一瓶酒喝不完而需要短暂保存的情况，可以采取以下几种方式。但要注意，这些方法都只能短暂保存葡萄酒，一般3～5天。

01 将瓶塞塞好后放入冰箱冷藏。再次取酒后，应立即将葡萄酒放回冰箱，因为温度的剧烈波动会加速葡萄酒氧化。

02 如果剩余酒量较少，可倒入较小的容器中再冷藏，以减少酒液与空气的接触。

03 用真空泵抽出瓶中的空气后再冷藏，能进一步延长储存和饮用时间，但起泡酒不能采取这种方法。

04 注入惰性气体以保护葡萄酒不被空气氧化。

现在最新的方式是在不开瓶的情况下，用惰性气体抽取酒液。这种方法可将开瓶葡萄酒的寿命延长至数月，但工具费用较高。

第三节 侍酒温度

太凉或太热的饮用温度都难以展示葡萄酒的最佳风味。太凉会让香气封闭，凸显苦涩；太热则酒精味过于明显，同时让酒失去清爽感。

最佳饮用温度因酒而异，下表建议的侍酒温度可供参考。

酒水的适饮温度建议

酒水类型	侍酒温度		酒款举例
水	充分冰镇	6～10℃	静止矿泉水、带气矿泉水
甜酒	充分冰镇	6～8℃	法国苏玳、德国贵腐酒、加拿大冰酒
起泡酒	充分冰镇	6～10℃	法国香槟、西班牙卡瓦、意大利阿斯蒂
酒体轻盈的白葡萄酒	冰镇	8～11℃	法国夏布利、德国干型雷司令、新西兰长相思
桃红葡萄酒	冰镇	8～13℃	法国普罗旺斯桃红、西班牙纳瓦拉桃红
酒体饱满的白葡萄酒	略微冰镇	12～15℃	过桶的霞多丽
酒体轻盈的红葡萄酒	略微冰镇	12～15℃	法国博若莱、勃艮第大区级黑皮诺
酒体饱满的红葡萄酒	凉爽室温	15～18℃	法国波尔多、意大利阿玛罗尼、西班牙里奥哈、澳大利亚西拉子

课堂练习

1. 你觉得家中什么地方适合存放葡萄酒？什么地方不适合？

2. 将以下葡萄酒与其适饮温度连线：

法国夏布利　　　　　充分冰镇　6～8℃

澳大利亚西拉子　　　充分冰镇　6～10℃

法国香槟　　　　　　冰镇　8～11℃

德国贵腐酒　　　　　略微冰镇　12～15℃

法国波尔多　　　　　凉爽室温　15～18℃

意大利阿斯蒂

过桶白葡萄酒

新西兰黑皮诺

第八章

侍酒专业着装与规范

侍酒师专业整洁的仪容和着装是获取客人信任的第一步

第一节　个人仪容

【保持头发和指甲的清洁】

一个人的发型及其干净程度是在交流过程中被对方首先注意到的。尽管不同的文化可能会对充满个性的发型有不同的理解，但侍酒师应尽量保持一个相对干练的发型。

由于工作内容的原因，侍酒师的手在服务过程中很容易被客人注意到，指甲是否清洁会在很大程度上影响到客人的用餐心情和用餐体验。

【无香水味或其他异味】

侍酒师必须保持身上无任何明显的气味，以免影响客人用餐和饮酒。

【其他】

男士是否留胡须没有强制要求。但如有留胡须的习惯，需要经常修剪，保持整洁。

女士妆容无固定要求，可化淡妆，避免过于浓艳。

第二节　专业着装

【干净整洁的职业套装】

一般而言，正式西装或休闲西装是常见的侍酒师工作着装。具体要求或依餐厅而有所不同。

【安全舒适的鞋子】

侍酒师需要在餐厅各处奔走并长时间站立，一双舒适的鞋子尤为重要。

男士一般穿着合脚、柔软的皮鞋。女士可着平底或低跟的皮鞋。

【装饰配件不能过于引人注目】

在用餐过程中，客人的注意力应该留在菜品、饮品以及同桌的其他客人身上，而不应被侍酒师的穿着所吸引，因此侍酒师身上的装饰配件应低调简洁，常见的如一个彰显专业的葡萄形状胸针。

第九章

侍酒常见工具

第一节　常见开瓶工具

【海马开瓶器】

【蝶形开瓶器】

【兔耳开瓶器】

【老酒开瓶器】

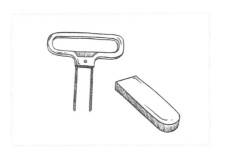

第二节　常见醒酒工具

【标准醒酒器】　　　【异形醒酒器】　　　【老酒醒酒器】

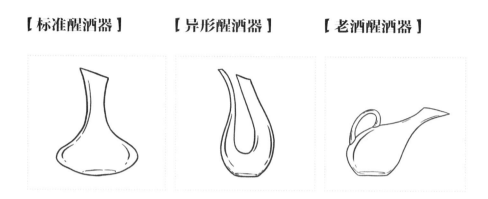

第三节　常见酒杯

香槟杯　白葡萄酒杯　勃艮第杯　波尔多杯　白兰地杯　威士忌杯

第四节 其他常见工具

【酒布】

【托盘】

【倒酒片】

【真空泵】

【冰桶】

【吐酒桶】

第五节　侍酒师随身常备工具

根据不同的场景，侍酒师需要用到不同的工具。但日常工作中，侍酒师应该随身常备这些工具。

01　海马开瓶器：2把。

02　笔：2支。

03　便签条：1本。

04　打火机：2个 / 火柴：1盒（用于老酒滗酒）。

第六节　酒具的清洗、擦拭与储存

一、清洗

尽管现在许多餐厅和酒店都配有专业的洗杯机，但许多情况下酒杯仍需要人工手洗，特别是手工吹制的酒杯。以下主要讲解人工手洗酒杯的方法和注意事项。

【酒杯的清洗方法】

一边用温水冲洗酒杯，一边擦洗杯口边缘残留的油渍、口红等印迹。

【醒酒器的清洗】

清洗醒酒器比较简单，直接用温水冲洗即可，但应注意及时清洗。若酒液在醒酒器内留存太久，则不易冲洗干净。

> **！注意**
>
> □1　水温不可过高，体感温热即可。
>
> □2　不要使用洗洁精，以免留下异味。对香槟杯而言，残留的洗洁精还会影响客人观察杯中香槟的细腻泡沫。
>
> □3　切勿握着杯腿旋转杯身，因为杯身和杯腿的连接处非常脆弱。正确的做法是一手握住杯身，一手清洗杯口和其他部位。

二、擦拭

清洗完毕的杯子不能放置晾干，否则酒杯会留下水渍。正确的做法是在清洗步骤结束后，先将整个酒杯用蒸馏水冲洗或经过水蒸气再进行擦拭。一个制造水蒸气的简单方法是将一桶热水放到装满冰块的冰桶上，然后就可以在热水上方擦拭杯子。

洗杯机清洗的杯子一般可以直接擦拭，不需要经过蒸馏水或水蒸气。

【擦拭方法】

倒去杯中多余的水分，最好准备两块干爽洁净的酒布，一手拿酒布握住杯身，另一手用另一块酒布进行擦拭，顺序应从下往上、从外到内，按照"底座→杯腿→杯身外侧→杯身内侧"进行，直至水渍完全擦拭干净。

> **！注意**
>
> 01　整个擦拭过程应始终用酒布包裹酒杯，切勿用手直接触摸，以免留下手印。
>
> 02　切勿使用可能掉毛的布料擦拭酒杯。
>
> 03　与清洗酒杯时一样，切勿握着杯腿旋转杯身。

三、储存

擦干的酒杯不能直接倒扣在桌上、纸巾上或其他任何地方，否则会迅速沾染异味。应当杯口向上直立存放在专用储物间。

> **！注意**
>
> 储物间不要放置其他有异味的物品。

第十章

静止酒的开瓶、醒酒与服务标准

第一节　静止酒开瓶

一、橡木塞开瓶

01　用酒刀的刀尖去掉酒帽，注意要从下酒帽处开口。

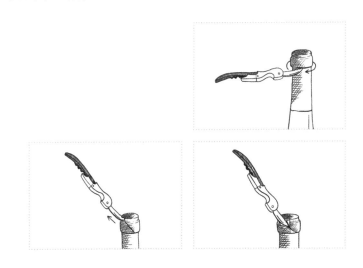

02　用干净的布擦拭瓶口。

03   将螺旋转插入酒塞正中心，缓慢竖直往下转。

04   利用杠杆原理，尽可能安静缓慢地拔出酒塞，防止溅洒酒液或惊
动客人。

二、螺旋盖开瓶

01   一手握住瓶身，一手握住螺旋盖下半部分并转动（注意，不是用
开矿泉水瓶的动作去拧瓶盖）。

02　旋松瓶盖并取下。

03　仔细擦拭瓶口。

第二节　醒酒

　　并不是所有的葡萄酒都需要醒酒。是否需要醒酒以及醒多久，需要大量的实践经验来判断。

　　醒酒器能帮助酒液与空气更充分地接触，从而更好地释放香气、柔化单宁。

　　一般来说，一款结构强劲且香气封闭的年轻葡萄酒就需要醒酒。只需将开瓶的葡萄酒缓慢倒入醒酒器，静待一段时间即可。

第三节　服务标准流程

一、点单流程

01　利用酒单协助主人点酒。

02　适当提供建议，善用专业知识和销售技巧提升服务质量。

03　点单结束后，与主人确认酒款。

!　酒水服务始终在客人右侧进行。

二、开瓶流程

01　**再次确认酒款**

将未开瓶的酒呈于主人面前，复述酒名和年份，进行再次确认。

!　不要直接用手拿握酒瓶，而应使用酒布。

02　**开瓶**

参照规范开瓶，并向主人展示橡木塞（如为螺旋盖，则无需展示）。

!　一般不应在客人的餐桌上进行开瓶。

03　**处置杂物**

如客人无特殊要求，则将取下的缩帽和酒塞随身带走或置于酒瓶旁边。

04　**放置酒瓶**

在餐桌空间允许的情况下，把酒瓶、酒塞和醒酒器（如有）置于托盘上，放在主人的右手边。

三、侍酒流程

在侍酒过程中，酒布应始终拿在手上或搭于前臂，不可放进口袋或搭在肩上。

如摆放冰桶或工作台，其位置不可阻碍客人或服务人员行走。

01　试酒

右手拿酒，酒标正对主人，倒出约 30 mL 的酒给主人进行品尝。

02　倒酒顺序

待主人做出肯定的试酒评价后，从主人左手边的客人开始，顺时针方向倒酒。倒酒一般至杯肚最宽处即可。服务顺序依照"主客 > 女士 > 男士 > 主人"的准则。

！每次倒酒后，用酒布擦拭瓶口，防止滴漏。

课堂练习

1. 使用正确方法开启一瓶橡木塞的葡萄酒。

2. 使用正确方法开启一瓶螺旋盖的葡萄酒。

3. 使用正确方法将开启的葡萄酒注入醒酒器中。

第十一章

餐前准备及餐桌摆放

第一节　餐前准备

01　酒单

整洁易读，准确无误。

02　玻璃器皿

确保洁净且无异味（酒杯、水杯、醒酒器等）。

03　酒布

干净，折叠整齐。须为棉质或易吸水的面料。

04　辅助工具

干净及抛光过的托盘，以及冰桶、冰桶架等。

05　开瓶器

一般应准备至少 2 把海马刀，以备不时之需。

06　葡萄酒温度

检查常用葡萄酒的温度，以便第一时间让客人品鉴。

第二节　酒杯的放置

一、餐前

如事先已与客人确定酒款，则选用与酒水类型相应的酒杯，从右往左依次摆放。

如不是事先确定酒款，每个位子一般只需放置一个水杯和一个红葡萄酒杯。

酒杯摆放在客人的右手边；如餐桌空间允许，可把不同酒杯放置在一条直线上。

所有客人的酒杯放置方式应保持一致，这点尤为重要。

二、餐中

若客人点了第二瓶酒，即使与第一瓶一样，也需要给主人另备一个干净酒杯让其试酒。

试酒的杯子放在第一个酒杯的右边，新增的酒杯放在用过的酒杯右边。

如客人有需要，须撤掉所有已用过的酒杯，再换上干净酒杯。

倒酒顺序

餐桌摆放及倒酒顺序

第十二章
餐酒搭配基本原则

如果到一个西方国家的餐厅吃饭，不点一杯酒可能会显得有些异类。葡萄酒与食物的紧密关系已经深深刻在了西方文化之中。

理想情况下，葡萄酒和食物的搭配应该是相互提升的，达到"1 +1 >2"的效果。特别是对于一些做法比较清淡的西方食物，合适的葡萄酒能够很好地达到提升的效果。但对于一些本来就很浓郁的食物，如许多中国菜，找到适合的葡萄酒则显得困难一些。

学习餐酒搭配知识，一方面是要尽量寻找到能够相互提升的"餐酒伙伴"，另一方面，是避免一些搭配起来产生反效果的组合。

需要记住的是，每个人的口味是不一样的，餐酒搭配最要注意的是享用者的个人偏好。因此，没有完美的搭配，也没有放之四海而皆准的秘诀。

尽管如此，在对酒类有足够了解的情况下，根据菜品口感、酱汁、香料的顺序，考虑酸、甜、苦、辣、咸、鲜的相互作用，给予客人最合适的餐酒搭配建议，是侍酒师的一种基本技能。

餐酒搭配就像葡萄酒的推理式盲品一样，需要一个循序渐进且前后呼应的逻辑。没有逻辑的餐酒搭配通常会顾此失彼，也会被客人质疑专业度。

在充分了解餐厅的菜单与酒单之后，我们只要采用本章讲解的分析逻辑，勤加练习，就能迅速找到合适的餐酒搭配。

第一节　餐酒搭配的基本逻辑

如果以菜品作为出发点进行酒水搭配，需要考虑的基本因素及顺序为：**菜品口感 ➡ 酱汁 ➡ 香料**。

一、菜品口感：定酒体

【配酒的基本方向】

关于一道菜的口感，我们首先应该考虑的是主要食材的质感：牛羊肉、猪肉、鸡肉、鱼肉还是其他海鲜？

其次，考虑这些食材采用了怎样的烹饪方式：炒、煎、炸、蒸、煮等。不同的烹饪方式搭配不同的食材，就有成百上千种变化。例如海鱼蒸出来是鲜嫩的，煎出来是酥脆的；猪五花肉慢炖红烧是软糯的，做成厚培根是劲道的；牛排上了烤架焦香多汁，做成意式的生牛肉片又是空气般的口感……

这些听上去十分复杂，但其实可以总结为如下一个简单的公式。

菜品口感 = 食材质感 + 烹饪方式

食材质感加上烹饪方式，决定了最终菜品的口感是软、中等还是硬。这就为餐配酒定下了基本方向，确定了搭配酒款应是怎样的酒体与结构：菜品口感如果鲜嫩，就适合搭配酒体轻盈的葡萄酒；若是口感劲道，就适合搭配酒体饱满且结构扎实的葡萄酒。

【 菜品口感与葡萄酒的酒体 】

下表根据酒体将葡萄酒分为三类，搭配口感相应的菜品。

不同酒体类型的葡萄酒搭配口感相应的菜品

葡萄酒的酒体	搭配菜品
01　轻盈型 酒体较为轻盈的酒，通常没有明显的单宁感，但保有明显的果香、花香和新鲜度 **白葡萄酒**如长相思、德国入门级雷司令、入门级或白中白香槟等 **红葡萄酒**如法国博若莱、冷凉产区的入门级黑皮诺等	口感轻盈细软、不使用太多酱汁和调味品的蔬菜或海鲜
02　中等型 酒体中等的酒，通常既保有明显的果香，也拥有一定的结构感 **白葡萄酒**如阿尔萨斯雷司令、勃艮第村庄级霞多丽等 **红葡萄酒**如波尔多大区级赤霞珠、勃艮第一级园黑皮诺、新西兰黑皮诺、意大利入门级桑娇维塞等	这组搭配需要着重考虑酱汁的影响，因为中等口感的菜品通常口味覆盖较广，例如鸡肉佐红酱、嫩菲力佐白酱、海鲜佐辣酱、鸽胸肉佐甜酱等，配酒时比较容易产生分歧

（续表）

葡萄酒的酒体	搭配菜品
03 饱满型 酒体饱满的酒，通常酒精度较高，红白葡萄酒大多都经过橡木桶熟化，香气浓郁、结构强劲 **白葡萄酒**如高比例新橡木桶熟化的霞多丽 **红葡萄酒**如波尔多列级庄、罗纳河谷的高品质西拉、澳大利亚的优质西拉子和赤霞珠、意大利的巴罗洛、阿玛罗尼、"超级托斯卡纳"等	口感比较扎实、劲道的食材，如战斧牛排、鹿肉等，通常烹饪方式和调味也都会比较重，但考虑酒水搭配时反而是比较简单的一组菜品

到这一步，我们仅仅是在考虑酒的酒体和结构，甚至还没有考虑使用红葡萄酒还是白葡萄酒，对葡萄品种的选择也只是在合适的酒体结构范围内进行了初步预设。

例如一块煎菲力牛排，我们目前只是初步预设可能会搭配一款红葡萄酒（比如黑皮诺），但根据酒体结构的理论，也完全可以考虑一款橡木桶熟化的霞多丽葡萄酒。

二、酱汁：定颜色

广泛流行的"白酒配白肉，红酒配红肉"这一说法，是完全不严谨的错误逻辑，因为它仅仅考虑原材料的大致质感，忽略了其他关键的影响因素，其中之一就是菜品的酱汁。

酱汁在各个国家的美食中都占有重要地位，法国人甚至把酱汁奉为法餐的灵魂。在餐酒搭配中，酱汁对挑选葡萄酒的种类起到决定性作用。

以上一小节的例子来说，一块鲜嫩的菲力牛排通常应该搭配一款精致的黑皮诺（甚至赤霞珠也还算正统）。然而，一旦把这块牛排的黑胡椒酱换成伯那西酱（Sauce béarnaise，用黄油、白葡萄酒、鸡蛋和龙蒿草等做成的常见法式酱汁），搭配新桶熟化的霞多丽白葡萄酒则会合适许多。

再举个例子，日式鳗鱼饭里的鱼肉质地细嫩，美味无比，然而身为海鲜的海鳗却很少与白葡萄酒搭配。究其原因，是因为大部分鳗鱼在烹饪时，会采用红色基底的酱汁。同理，波尔多著名的红酒七鳃鳗，搭配的酱汁采用酱油、红酒等熬制，黏稠浓郁；如果搭配一款不过分厚重的红葡萄酒，会更加相得益彰。

三、香料：定细节

按照以上两个步骤完成餐酒搭配，一般不会出现搭配方向上的严重错误。不过，出彩的餐酒搭配还需要考虑菜品的主要香料与配菜，是否能与葡萄酒的主要香气相辅相成。

比如经典的酱烤羊排，无论是赤霞珠还是西拉，都是非常合适的搭配。但考虑到这道菜在制作时，往往会使用大量的地中海香料（如鼠尾草、百里香等），因此西拉特有的地中海香料气息（迷迭香、黑胡椒、橄榄）就能更好地提升餐酒搭配的和谐度与复杂度。

另一个比较时髦的搭配，如扇贝塔塔配芒果百香果泥佐绿芦笋，从食材结构来说，应该选择一款轻盈的白葡萄酒。若从爽脆的法国夏布利与纯净的新西兰长相思这两款白葡萄酒中进行挑选，那么长相思奔放的百香果香气与丝丝青草的气息，就与这道扇贝塔塔中的配菜元素（芒果、百香果、芦笋）更加契合。

第二节　食物味道对葡萄酒的影响

"菜品口感 ➡ 酱汁 ➡ 香料"的逻辑顺序是餐酒搭配的基础。不论哪个国家的菜品，也不论采用何种方式烹饪，只要用这个逻辑来考虑，餐酒搭配就不会出现明显错误。

不过，若想毫无差池，还需考虑食物的酸、甜、苦、辣、咸、鲜与葡萄酒的相互影响。

【酸】

食物中的酸味能让一个高酸的葡萄酒显得更加柔美。但如果葡萄酒的酸度本身很低，食物中的高酸则会让酒显得平淡，甚至整个结构垮掉。

> ＋　增加对葡萄酒果香、酒体和甜味的感知
>
> －　减少对葡萄酒酸度的感知

【甜】

食物中的甜味通常对葡萄酒不利，容易让一款干型葡萄酒显得更加酸涩且毫无果香。一般只能用一款甜度更高的葡萄酒搭配甜食。

> + 增加对葡萄酒酸度、酒精度和苦味的感知
>
> - 减少对葡萄酒果香、酒体和甜味的感知

【苦】

一般来说，苦味能够叠加。因此，一个苦味本不太明显的食物，搭配略有苦味的葡萄酒，可能会产生让人不舒适的苦味。

> + 增加对葡萄酒苦味的感知

【辣】

辣味除了会影响葡萄酒中细腻风味的表达，也会让酒精度更加明显，让整体感受更加辛辣。但正如本章开头提到，也许有些人就是偏爱这种辛辣的感受。

> + 增加对葡萄酒酸度、酒精度和苦味的感知
>
> - 减少对葡萄酒果香、酒体和甜味的感知

【咸】

适度咸味是葡萄酒的"好朋友"，能让葡萄酒显得更加饱满圆润。

> + 增加对葡萄酒酒体的感知
>
> - 减少对葡萄酒酸度和苦味的感知

【鲜】

鲜味（如海鲜、蘑菇、鸡蛋）一般很难搭配红葡萄酒。但鲜味，特别是加了咸味的鲜味，能够很好地搭配一些白葡萄酒。

+ 增加对葡萄酒酸度、酒精度和苦味的感知
− 减少对葡萄酒果香、酒体和甜味的感知

食物味道对葡萄酒的影响

味道	葡萄酒					
	酸度	酒精度	苦味	果香	酒体	甜味
酸	−			+	+	+
甜	+	+	+	−	−	−
苦			+			
辣	+	+	+	−	−	−
咸	−		−		+	
鲜	+	+	+	−	−	−

理解了"菜品口感 ➡ 酱汁 ➡ 香料"的逻辑顺序和"酸、甜、苦、辣、咸、鲜"的影响后，面对每一次餐酒搭配我们都能从容应对了。但要做到因地制宜、灵活运用并将餐酒搭配的体验提升到一个极高的境界，则需要对各种食物和酒款有深入的理解，并且需要大量的实践经验和对每个特定客人的口感偏好的充分了解。西餐和中餐具体的配酒考量，将在中级教材深入讲解。

课堂练习

尝试为你最喜爱的一道菜品搭配合适的葡萄酒（葡萄酒类型和葡萄品种），并说明你的理由。

参考资料

【外文】

01　Robinson, Jancis, and Julia Harding, eds. The Oxford companion to wine. American Chemical Society, 2015.

02　Clarke, Oz, and Margaret Rand. Grapes & Wines: A comprehensive guide to varieties and flavours. Pavilion Books, 2015.

03　Brunet, Paul. Le Vin et les vins au restaurant. Editions BPI, 2015.

04　Neiman, Ophélie. Le vin c'est pas sorcier. Marabout, 2013.

05　WSET Wine & Spirit Education Trust. Wines and Spirits: Looking behind the Label (An accompaniment to WSET Level 2 Award in Wines and Spirits). 2014.

06　WSET Wine & Spirit Education Trust. Understanding wines: Explaining style and quality (An accompaniment to WSET Level 3 Award in Wines). 2016.

【中文】

07　中华人民共和国国家质量监督检验检疫总局，中国国家标准化管理委员会 . GB 15037-2006 《葡萄酒》. 北京：中国标准出版社，2007.

08　休·约翰逊（Hugh Johnson），杰西斯·罗宾逊（Jancis Robinson）. 世界葡萄酒地图（第七版）. 北京：中信出版社，2014.

09　李玉鼎，陈林，胡登吉. 酿酒葡萄栽培与节水灌溉技术（修订版）. 银川：阳光出版社，2018.

【网站】

10　www.bourgogne-wines.com

11　www.bordeaux.com

12　www.champagne.fr/en

13　www.vins-rhone.com/en

14　loirevalleywine.com

15　www.vdp.de/en

16　www.winesofportugal.info

17　www.austrianwine.com

18　italianwinecentral.com

19　discovercaliforniawines.com

20　www.wosa.co.za

21　www.winesofargentina.org/en

22　www.nzwine.com

23　winefolly.com

24　www.sherry.wine

25　www.ivdp.pt